BEI GRIN MACHT SICH IHR WISSEN BEZAHLT

- Wir veröffentlichen Ihre Hausarbeit, Bachelor- und Masterarbeit

- Ihr eigenes eBook und Buch - weltweit in allen wichtigen Shops

- Verdienen Sie an jedem Verkauf

Jetzt bei www.GRIN.com hochladen und kostenlos publizieren

Thomas Haenisch

Holz - Der Energieträger zur Zivilisation

GRIN Verlag

Bibliografische Information der Deutschen Nationalbibliothek:

Die Deutsche Bibliothek verzeichnet diese Publikation in der Deutschen Nationalbibliografie; detaillierte bibliografische Daten sind im Internet über http://dnb.d-nb.de/ abrufbar.

Impressum:

Druck und Bindung: Books on Demand GmbH, Norderstedt Germany
ISBN: 978-3-656-56393-8

Dieses Buch bei GRIN:

http://www.grin.com/de/e-book/29563/holz-der-energietraeger-zur-zivilisation

HAUSARBEIT FACH FORSTNUTZUNG SS 2004

THEMA:

HOLZ – DER ENERGIETRÄGER ZUR ZIVILISATION

ARGUMENTE DER ENERGETISCHEN NUTZUNG VON HOLZ UND THERMISCHE EIGENSCHAFTEN VERSCHIEDENER BAUMARTEN

AUTOR:

THOMAS HÄNISCH

GÖTTINGEN, IM MAI 2004

Inhaltsverzeichnis

---

1 Einleitung

Die Menschheit sieht sich großen Umweltproblemen gegenüber. Besonders deutlich wurde dies ab Beginn der Industrialisierung; der Verbrauch von Naturraum und Ressourcen stieg stetig an. Dem hohen Lebensstandard unserer Industriegesellschaft liegt ein horrender Energiebedarf zu Grunde. Dieser ist ursächlich für den Treibhauseffekt verantwortlich. In diesem Kontext stellen die regenerativen Energien - wie Wasser, Wind, Sonne und Biomasse - eine bisher vernachlässigte Alternative dar. Sie alle zeichnet ihre Unendlichkeit unter der Voraussetzung der nachhaltigen Nutzung aus.

Diese Ausarbeitung beschäftigt sich mit dem erneuerbaren Energieträger Holz. Der thematische Bogen beginnt mit Holz in der Argumentation. Im Besonderen werden hier die Vor- und Nachteile einer energetischen Nutzung herausgearbeitet, und er setzt sich mit den thermischen Eigenschaften von Holz fort.

2 Energieträger Holz in der Argumentation

2.1 Pro Argumente

Die energetische Nutzung von Holz aus nachhaltiger Forstwirtschaft dient direkt dem Schutz des **Weltklimas** [10]. Diese Tatsache korrespondiert auf internationaler Ebene mit dem **Kyoto – Protokoll**, in welchem Deutschland seine Emissionen bis 2012 im Vergleich zu 1990 um 21 % verbindlich verringern muss [7]. Hierbei leistet Holz auf verschiedene Art und Weise einen wichtigen Beitrag.

Holz verbrennt im Gegensatz zu Kohle, Öl und Gas **"CO_2-neutral"**, d. h., das bei der Verbrennung frei werdende CO_2 wurde durch das Wachstum der Bäume aus der Atmosphäre gebunden. Durch die Fixierung des Kohlenstoffs bei der Photosynthese befindet sich das **CO_2 im Kreislauf** [4,11]. Holz bedarf, im Gegensatz zu anderen Energieträgern, keiner Veredelung, hat hervorragende **Wärmedämmeigenschaften**, und steht **dezentral** durch kurze **Transportentfernungen** zur Disposition [11].
Der Einsatz von Holz als Baumaterial und verarbeitetes Produkt (z.B. Möbel) wirkt als eine **CO_2 – Senke,** weil eine langfristige Speicherung dieses Gases stattfindet [4]. Darüber hinaus verbrennt unbehandeltes und einigermaßen trockenes Holz **emissionsarm**, sofern moderne Verbrennungstechnik eingesetzt wird. Die Nutzung von Holzenergie ist aktiver **Klimaschutz** und entspricht somit den Anforderungen von Rio [4,10].
Die Energie aus Holz kann technologisch nicht nur in Wärme, sondern auch in Elektrizität umgewandelt werden. Waldrestholz und unbehandeltes **Abfallholz** aus Industrie und Haushalt sind energetisch nutzbar, weshalb die **Deponierung** von Altholz entfällt [2].

Brennholznutzung bedeutet **Waldpflege**, denn ein freigestellter Baum wächst schneller, und die Forstwirtschaft kann so durch den Brennholzverkauf Pflegeeingriffe betriebswirtschaftlich vertreten [10]. Als weiterer Pluspunkt sind die **Preisstabilität** und die damit längerfristig kalkulierbaren Energiekosten anzuführen. In absehbarer Zukunft ist durch die Verknappung fossiler Energieträger mit einer CO_2 - Abgabe oder einer Energiebesteuerung zu rechnen, was zu einem Preisanstieg führen würde [14]. Da Holz **nachwachsend,** also regenerierbar ist [11] und nur **wenig Energie** zur Bereitstellung benötigt wird, sind die Kosten nur unwesentlich von der allgemeinen Energiepreisentwicklung abhängig [9]. Der Rohstoff Holz macht **unabhängig** von ausländischen Zulieferern, die auf Grund möglicher Krisen nicht liefern können [8].

Holz besitzt auf arbeitsmarktpolitischer und regionalökonomischer Seite ebenfalls gute Argumente. Es schafft **Arbeitsplätze**, hilft der regionalen **Wertschöpfung** und stärkt dadurch den strukturschwachen **ländlichen Raum** [10]. Die Nutzung von Holz hilft auch der

Landwirtschaft (Überproduktion) und dem Steuerzahler, z.B. durch Umwandlung von landwirtschaftlichen Flächen (Flächenstilllegung) in **Energieholzplantagen**. Bezüglich drohender Umweltschäden birgt dieser Rohstoff ein sehr **geringes Risiko** in sich, denn weder bei Gewinnung im Wald noch während des Transports, der Verarbeitung, der Lagerung oder der Verbrennung geht von Holz ein umweltrelevantes Gefahrenpotenzial aus, im Gegensatz zu Erdöl (Leckage von Pipelines, Tankerunglücke,...) [9,14]. Die Bundesrepublik Deutschland **fördert** durch das Erneuerbare-Energien-Gesetz (EEG) in Verbindung mit der Biomasse-Verordnung (Biomasse V) die energetische Verwertung von Biomasse. So ist die Nutzung der Holzenergie für Privathaushalte und Industrie attraktiv [6]. Der Strom aus Biomasse wird zur Zeit mit 8,4 bis 9,9 Cent/kWh vergütet [21].

2.2 Contra Argumente

Neben den vielen Vorzügen der Energieholznutzung gibt es auch einige Minuspunkte, die für einen ökologisch sinnvollen energetischen Holzeinsatz nicht außer acht gelassen werden sollten. Erwartungsgemäß fällt jedoch die Liste der Nachteile spärlicher aus als die der Vorteile. Bei der technisch bedingt durch O_2-Mangel verursachten unvollständigen Verbrennung treten erhöhte **Schadstoffemissionen** auf. Relevante Schadstoffe diesbezüglich sind Partikel und Feinstaub, Stickoxid und je nach eingesetztem Brennstoff auch Schwermetalle und polyzyklische aromatische Kohlenwasserstoffe (PAK) [12]. Besonders bei nicht verbrannten und verkohlten Holzstücken geht eine Gefahr für das **Grundwasser** durch PAK aus. Erdöl besitzt einen höheren **Energiegehalt** (Heizwert) je Kilogramm als Holz, weil es veredelt und sehr energiereich ist [15]. Die Nutzung des erneuerbaren Brennstoffs ist gewöhnlich mit höheren **Investition** verbunden, die einer staatlichen Förderung bedürfen. Ein hoher **Platzbedarf** für die Bevorratung von Energieholz muss eingeplant werden - z.B. benötigt ein Einfamilienhaus 3.000 Liter/Jahr an Heizöl, das 3 m^3 Raum einnimmt; während der Raumbedarf für Brennholz etwa sechsmal so groß ist. Die lange Phase der Trocknung (> zwei Jahre) kann nur unter hohem **Energieeinsatz** verkürzt werden [5].

Wie oben darstellt, überwiegen die Vorteile des Energieträgers Holz, so dass eine positive Energiebilanz bescheinigt werden kann.

2.3 Ökobilanz Energieholz

Eine Ökobilanz eignet sich hervorragend für den objektiven Vergleich eines Rohstoffes mit einem anderen im Hinblick auf seinen kompletten Herstellungszyklus. Eine Ökobilanz kann rohstoff- und/oder produktbezogen sein. Somit beleuchtet sie den gesamten Lebensweg des Rohstoffes/Produktes von der Gewinnung, Herstellung, Nutzung und der Rückführung in

Kreisläufe bis zur Entsorgung. Bewertet werden u.a. die Auswirkungen des Rohstoffes/Produktes auf die Umwelt sowie die relevanten natürlichen Lebensgrundlagen. So erhält man Zahlen und Fakten für Entscheidungen und einen Vergleich zu anderen Produkten [4].

Wo wächst Holz? Natürlich im Wald! Während das Holz wächst, also "produziert" wird, übt der Komplex Wald bedeutende Funktionen aus. Das Ökosystem Wald hat positive Auswirkungen auf das Klima. Die Bäume speichern in ihrer Holzmasse Kohlendioxid (CO_2) dauerhaft und geben Sauerstoff (O_2) an ihre Umwelt ab [4]. Kurz gesagt, übt der Wald eine Schutz- und Erholungsfunktion aus und stellt damit einen mannigfaltigen Lebensraum für Fauna und Flora dar.

Eine 100-jährige Fichte hat in ihrem Leben der Atmosphäre 1-1,8 t CO_2 entzogen und mit Hilfe von Lichtenergie, der Sonne, zu Holz umgewandelt [4]. Etwa die gleiche Menge des heute in der Atmosphäre vorkommenden Kohlenstoffs ist in der lebenden Biomasse (Pflanzen, Tiere und Menschen), aber auch in abgestorbener Biomasse, besonders in Permafrostböden (Umsatzleistung ist durch die Temperatur herabgesetzt) gespeichert. Über 80 % dessen entfallen auf die Wälder der Erde. Ein Naturwald befindet sich im Hinblick auf seine Kohlenstoffbindung im Gleichgewicht zur Atmosphäre, weil die Bindung von CO_2 nur so groß sein kann wie deren Freisetzung. Durch die Bewirtschaftung der Wälder ist es möglich, der Atmosphäre mehr CO_2 zu entziehen und dieses zu fixieren. ***Beispiel:*** Ein Dachstuhl besteht aus 4,6 - 10,5 m^3 trockenem Holz, das sind immerhin 3,7 - 8,4 t gespeicherter, der Atmosphäre entzogener Kohlenstoff [4].

Die Entsorgung, ob organisch in Kompostierungsanlagen oder noch besser durch energetische Nutzung, setzt kein zusätzliches CO_2 frei. Stattdessen wird bei energetischer Nutzung, durch die Substitution fossiler CO_2 Emissionen zusätzlich ein CO_2-Minderungseffekt erreicht [4]. Bei natürlicher Verrottung würde man somit auf die Nutzung der gespeicherten Sonnenenergie verzichten.

Beispiel Energieholz (unabhängig der Holzart)

Die Erzeugung oder Herstellung benötigt ohne Eingriff der Forstwirtschaft keinerlei Energie bzw. finanzielle Mittel menschlichen Ursprungs. Aber, wegen der Ansprüche des Menschen an das Holz und somit an den Wald, wie bestimmte Qualität und rationelle Produktion von Holz, ist eine geregelte Forstwirtschaft erforderlich. Der Energieverbrauch dieser ist nachfolgend erläutert.

Forstliche Produktion

Holz wächst im Wald, also muss mit der Bilanzierung vor Ort begonnen werden. Die forstliche Produktion setzt sich aus biologischen und technischen Vorgängen zusammen, wobei die technischen in der Bilanz am bedeutendsten sind.

Input: 1.851 kg (CO_2), 1.082 kg (H_2O) ergeben 1.000 kg Holz [4]
Aufwendungen für Bestandesbegründung, Kulturpflege, Jungwuchspflege, Durchforstung, Endnutzung, Wegebau, Rückung, Kalkung, Holzernte, Entrindung, Nasslagerung, Personal, Verwaltung und Erholung

Alle für das Holzwachstum essentiellen Elemente werden der Ökosphäre entzogen. Das ist Kohlenstoff in Form von CO_2, Wasser, Sauerstoff, Wasserstoff und Spurenelemente (z.B. Calcium, Magnesium). 99 % der Holzmasse verteilen sich auf CO_2, O_2 und H_2O. Mit Hilfe der **Photosynthese** ($6CO_2 + 12H_2O \rightarrow C_6H_{12}O_6 + 6O_2 + 6H_2O$) wird die Energie der Sonne chemisch gebunden und im Holz gespeichert.

Output: 1.000 kg Holz: 541 kg (H_2O), 1.392 kg (O_2) [4]
Bäume als Bau-, Rohstoff und Energieträger, Abgabe großer Mengen an Sauerstoff, Abgabe sauberen Wassers, positive Beeinflussung des Wetters und Klimas sowie der allgemeinen positiven Wirkung auf das menschliche Wohlbefinden

Für die Produktion von Holz muss im Durchschnitt nur 1 – 4 % der im Holz gespeicherten Energie aufgewendet werden, deshalb zählt es zu den Niedrigenergieprodukten [4]. Dies ist ein sehr niedriger Wert, der bei schwächeren Sortimenten zu 4 % tendiert – das hängt vom Energieeinsatz bei der Ernte ab - und bei stärkerem Stammholz in Richtung 1 % geht. Neben der Energiebilanz ist auch die CO_2 - Bilanz bedeutend. Hier schneidet das Holz ebenfalls sehr gut ab. Für den bei der Ernte und Pflege auftretenden Ausstoß von CO_2 (durch Verwendung fossiler Brennstoffe in Motorsäge, Harvester und Rückeschlepper) wird nur 0,7 % des gespeicherten CO_2 freigesetzt [4]. Neben den Stoffkreisläufen müssen ebenso allgemeine Auswirkungen in die Bilanz einbezogen werden. So gibt das Holz bzw. der Wald, in dem ein Rohstoff „produziert" wird, im Gegensatz zur Herstellung anderer Rohstoffe, äußerst positive Reflexe und Einflüsse an seine Umgebung ab.

Zu nennen sind die Sicherung von Trinkwasser (Filter- und Pufferwirkung), der Bodenschutz (Erosions-, Straßen- und Lawinenschutz), die Reinhaltung der Luft, die Speicherung von CO_2, der Lärmschutz, die Erholung, der Klimaschutz, ein Lebensraum für Flora, Fauna und Wald als wichtiges Element im Landschaftsbild [4].

Die Waldbewirtschaftung verbraucht keine Fläche. Es wird ein Naturraum beansprucht, der eine Veränderung erfährt. Bei naturnaher Waldwirtschaft ist diese Veränderung im Zuge des Waldumbaus und ähnlichem wiederum positiv.

Ein die Bilanz nicht zuletzt stark beeinflussender Punkt ist die Berücksichtigung des Transportes von der Produktionsstätte Wald hin zum Verbraucher. In Deutschland erfolgt dieser zu 90 % auf der Straße mit LKW (eine bedauernswerte Zahl). Dabei werden Durchschnittsentfernungen von 25 km - 160 km zurückgelegt [3].
Den größten Energieverbrauch besäße die Holztrocknung, wenn diese künstlich beschleunigt würde. Dies ist durch die zweijährige Lufttrocknung von Energieholz allerdings nicht erforderlich.

3 Eigenschaften verschiedener Holzarten

Die Eignung jeder Holzart für die thermische Verwertung setzt die Kenntnis über sämtliche Parameter der anatomischen Beschaffenheit voraus. Aus diesem Grunde sind im Folgenden die wichtigsten Punkte vorgestellt, an denen die qualitative Eignung der jeweiligen Holzart bestimmt werden kann.

3.1 Heiz- und Brennwert

Im Holz ist eine bestimmte Menge an Energie enthalten, die als Rohenergie bezeichnet wird. Diese Energie wird durch Umwandlung, z.B. Verbrennung, zur Nutzenergie. Die Literatur gibt die Wärmemenge, Energieeinheit des Holzes, mit der Maßeinheit Joule (J) an. Da ein Joule eine sehr kleine Wärmemenge ist, wird mit der Maßeinheit Kilowattstunde (kWh) gerechnet. Eine kWh hat 3.600 J [5].

Der **Heizwert (H_u)** eines festen Brennstoffes ist die Wärmemenge, die bei vollständiger Verbrennung von einem Kilogramm festem Brennstoff frei wird, wenn das bei der Verbrennung gebildete Wasser *dampfförmig* vorliegt [5].

In diesem Kontext spielt der **Brennwert (H_0)** – veraltet als Brutto-Heizwert bekannt - auch eine Rolle. Dieser gibt die Wärmemenge eines festen Brennstoffes an, der bei vollständiger Verbrennung von einem Kilogramm frei wird, wenn das bei der Verbrennung gebildete Wasser *flüssig* vorliegt [5].
Dem Brennwert wird die Kondensationswärme des bei der Verbrennung gebildeten Wassers, 2.44 MJ/kg bezogen auf 25 °C, zum Heizwert hinzugezählt. So ist der Heizwert von trockenem Holz (Rest-Feuchtigkeit 20 %) um ca. 7 % niedriger als sein Brennwert.

Deswegen liegt der Brennwert von Holz zwischen 16-18 MJ/kg Trockenmasse und der Heizwert zwischen 15-17 MJ/kg Trockenmasse [15].

Der Heizwert wird von zwei Faktoren beeinflusst, zum Einen vom **Wassergehalt** (Holzfeuchte in %) und zum Anderen von der **Masse** (Gewicht/Dichte in kg). Sie ist holzartabhängig [5]

Der **Wassergehalt (w)** des Holzes ist die in Prozent angegebene Masse an Wasser, bezogen auf die Gesamtmasse, also das Frischgewicht [5]. Dem Wassergehalt wird hierbei eine zentrale Stellung zuteil. Je mehr Wasser sich im Holz befindet, desto geringer ist der Heizwert, da das Wasser während der Verbrennung verdampft und folglich Wärme (Energie) verbraucht. Wegen des Energieverlustes durch das Wasser sind sowohl der Heizwert, als auch die Verbrennungstemperatur niedriger - die Emissionen steigen an.

Manche Hölzer brauchen zum Trocknen länger als andere. Während Pappel (Populus spec.) und Fichte (Picea spec.) schon nach einem Jahr trocken sind, benötigen Linde (Tilia spec.), Erle (Alnus spec.) und Birke (Betula spec.) eineinhalb, Buche (Fagus spec.), Esche (Fraxinus spec.) und Obstbäume sogar zwei Jahre Lagerzeit [16].

Die **Holzfeuchte (u)** ist die in Prozent angegebene Masse an Wasser, bezogen auf die Darrmasse, auch als Trockensubstanz bezeichnet [5].

Beide Parameter korrespondieren auf folgende Weise:

Wassergehalt (w)	Holzfeuchte (u)
$\frac{100 \times u}{100 + u}$	$\frac{100 \times w}{100 - w}$

Ein Beispiel verdeutlicht den Zusammenhang: waldfrisches Holz, das je zur Hälfte seines Gewichtes (kg) aus reiner Holzmasse und Wasser besteht, hat somit einen Wassergehalt von 50 % oder eine Feuchtigkeit von 100 % [5].

Heizwert in Abhängigkeit vom Wassergehalt

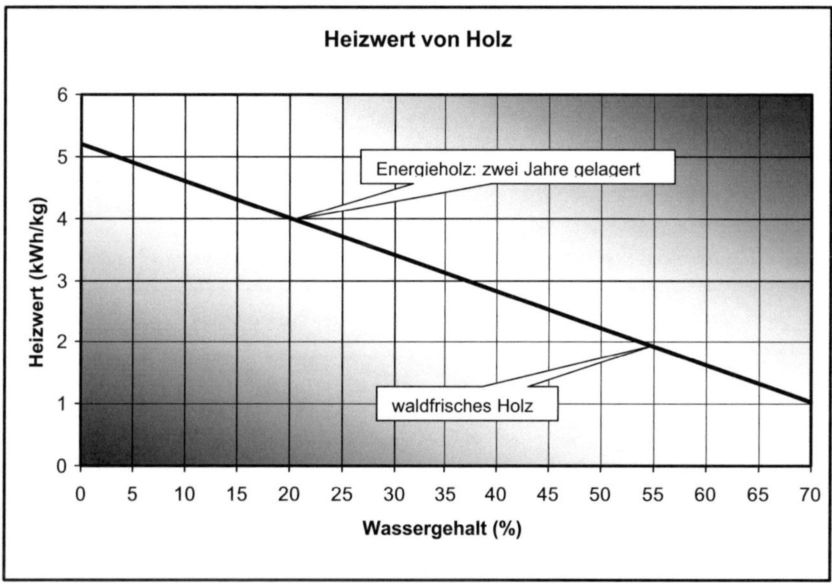

Abb. 1: Heizwert von Holz in Abhängigkeit des Wassergehaltes [5]

Der durchschnittliche Wassergehalt von Holz nach mehrjähriger Lagerung (> zwei Jahre) liegt im Bereich von 20 % [13]. Erst nach dieser Zeit sollte Holz als Brennholz Verwendung finden. Fazit: Je feuchter das Holz, desto niedriger ist der Heizwert.

Heizwert in Abhängigkeit von den Holzinhaltsstoffen

Die Inhaltsstoffe des Holzes wirken sich differenziert auf dessen Heizwert aus. Sie haben folgendes Gewicht:

- Cellulose (ca. 45 % der trockenen Holzsubstanz) mit 4,8 kWh/kg Heizwert,
- Lignin (ca. 25 % der trockenen Holzsubstanz) mit 7,5 kWh/kg Heizwert,
- celluloseähnliche Polysaccharide (25 % der trockenen Holzsubstanz),
  wie Hemicellulose mit 4,5 kWh/kg Heizwert und
- sonstige Stoffe (5 % der trockenen Holzsubstanz),
  wie Harze mit 10 kWh/kg Heizwert [1].

Der Heizwert ist um so größer, je mehr Harze und Lignine darin enthalten sind. Bedingt durch den anatomisch unterschiedlichen Aufbau der Holzarten, besitzt Nadelholz (4,4 kWh/kg) gegenüber Laubholz (4,2 kWh/kg) einen höheren Anteil dieser Holzbestandteile pro Gewichtseinheit und hat daher auch einen höheren Heizwert als Laubholz. Das Blatt wendet sich, wenn die Dichte von Laubholz mit Nadelholz verglichen wird. Sie ist je Volumeneinheit

deutlich höher. Deshalb empfehlen Fachleute beim Brennholzkauf nach Gewicht trockenes Nadelholz, beim Kauf nach Raummeter dagegen trockenes Laubholz [1].
Der Heizwert von Baum zu Baum schwankt ein wenig, da es sich bei Holz um ein Naturprodukt handelt. Auch die Größe des Holzstückes spielt eine Rolle, so besitzen Holzrollen (Laubholz: Fagus/Quercus) > 14 cm Durchmesser einen Heizwert je m^3 Lagervolumen von 2.200 kWh/rm, jedoch kurz gesägtes und gespaltenes Holz nur 1.200 kWh/rm [1].

Heizwert in Abhängigkeit vom Gewicht

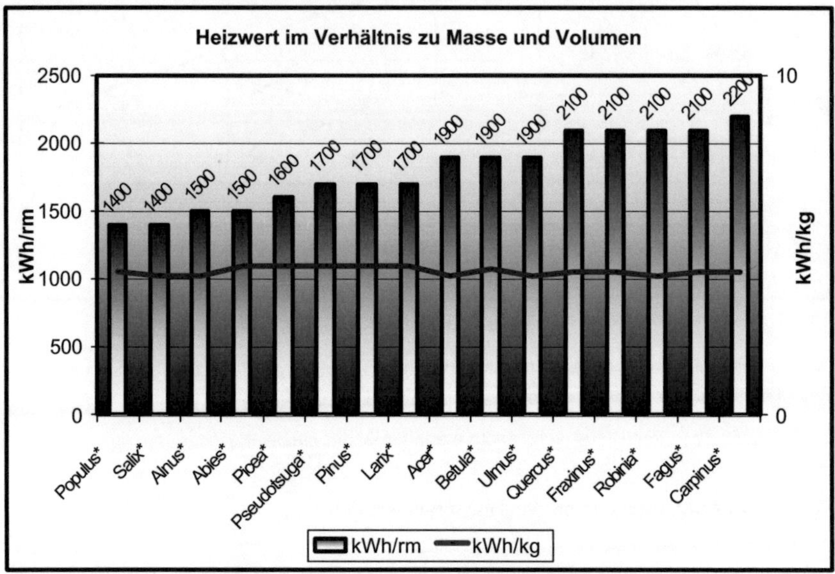

Abb. 2: Heizwert im Verhältnis zu Masse und Volumen [17, 18] / * spec.

Die überraschende Schlussfolgerung, bezogen auf die Masse (kg) des Holzes, ist, dass der Unterschied zwischen den einzelnen Holzarten vernachlässigbar gering ist. So kann für alle Holzarten bei Berechnungen des Heizwertes im Durchschnitt 5,2 kWh/kg (19 MJ/kg Trockensubstanz) angenommen werden. Legt man aber anstatt des Gewichts (Dichte) gleiche Raummaße zu Grunde, ergeben sich doch wesentliche Unterschiede der einzelnen Holzarten [18]

3.2 Substitution, Rückstände und Charakteristik der Verbrennung

Der Begriff **Substitution** bedeutet Ersatz oder Austausch einer Sache. Dies ist der Fall, wenn Holz anstelle von herkömmlichen Energieträgern verwendet wird. Im Rahmen eines

Heizwertvergleichs von Holz mit seinen Substituten sind deren Energiegehalte wichtig, so z.B. die Erdöleinheit (EE). Der Energiegehalt einer EE ist mit einer Tonne Erdöl gleichzusetzen und 11.670 kWh groß [18]. Diese Gegenüberstellung dient der Einordnung des Energieträgers Holz im Vergleich mit herkömmlichen Energiequellen.

Energieträger	Heizwert
1 l Heizöl (leicht)	11,40 kWh/kg
1 kg Braunkohle Brikett	5,60 kWh/kg
1 kg Steinkohle	7,67 kWh/kg
1 kg Koks	8,20 kWh/kg
1 m^3 Erdgas	10,00 kWh/m^3
1 kg Holz (w 20 %)	4,00 kWh/kg

Nach dieser Auflistung ergibt sich, dass etwa ein Liter Öl durch 3 kg Holz ersetzt werden könnte.

Abb. 3: Heizwerte verschiedener Energieträger [5]

Als **Rückstände** werden Stoffe zusammengefasst, die während bzw. nach einer Verbrennung zurückbleiben. Besonders hoch sind die Emissionen und Ablagerungen bei unvollständiger Verbrennung unter O_2 Mangel, z.B. Teer, Glanzruß, Säuren und Kohlenmonoxid (CO). Beste Bedingungen sind bei 800 °C erreicht; hier verflüchtigt sich ein Großteil aller Bestandteile. Dank dieser vollständigen Zersetzung liegt der Aschegehalt bei ca. 1 % der Holzmasse. Die Asche von unbehandeltem Holz zählt zu den unbedenklichen Rückständen, da sie einen hohen Anteil an Kaliumcarbonat enthält. Sie eignet sich vorzüglich als Düngemittel für den Garten [19].

Charakteristik der Verbrennung

- Quercus*: brennt langsam, ausgezeichnete Glut
- Fraxinus*: brennt langsam, gute Glut
- Acer*: gute Flamme
- Betula*: brennt schnell, wärmt gut, helle Flamme
- Ulmus*: brennt langsam, viel Wärme
- Fagus*: gutes Brennholz, gute Glut, helle Flamme
- Salix*: helle, rasche Flamme, lässt sich leicht entzünden
- Abies*: wärmt schnell, gibt Rauch und ist rasch verbrannt
- Alnus*: brennt schnell und gibt viel Wärme, ist rasch verbrannt
- Pinus*: viel Wärme, verbrennt schnell, starke Russentwicklung
- Picea* u. Larix*: mittelmäßiges Brennholz, brennt leicht an, aber ohne Glut
- Aesculus*: schlechtes Brennholz, wenig Wärme, gefährliche Funken

* spec.

4 Zusammenfassung

„Holz – der Energieträger zur Zivilisation“ beschäftigt sich mit der energetischen Nutzung von Holz. Die positiven Argumente für den verstärkten Einsatz von Holz als regenerativer Energieträger überwiegen. Holz bietet aus ökonomischer, ökologischer und gesellschaftlicher Sicht überzeugende Vorteile gegenüber anderen Energiequellen.

Die dargelegten Fakten, die die Ökobilanz des Holzes positiv beeinflussen, zeigen, dass Holz ein nachhaltig zu produzierender, nachwachsender Rohstoff ist. Ein Rohstoff, dem die Zukunft gehört. Die überlegte Nutzung von Holz im Bereich der regenerativen Energien stellt eine wesentliche Säule zukünftiger Energieversorgung dar.

Unter Berücksichtigung der speziellen Parameter von Holz, wie dem variierenden Heizwert unter spezifischen Bedingungen, lässt es sich für die Gewinnung von „sauberer Energie“ bestens nutzen.

Die zukünftige Energieversorgung wird aus einem Mix der Energien bestehen, der die öffentlich geforderte Energiewende herbeiführt.

5 Quellenverzeichnis

Bücher

[1] EBERT, H. P. (2001): „Heizen mit Holz in allen Ofenarten“, Ökobuch Verlag, Staufen bei Freiburg; S. 37 – 44

[2] MARUTZKY, R.; SEEGER, K. (1999): „Energie aus Holz und anderer Biomasse“, DRW - Verlag Weinbrenner GmbH & Co, Leinfelden-Echterdingen; S. 19 ff.

[3] ZIMMER, B.; WEGENER, G. (1996): „Stoff- und Energieflüsse vom Forst zum Sägewerk“, Holz Roh Werkst. 54, 4: S. 217-223

HÄNISCH, T. (2000): unveröffentlichte Belegarbeit: „Ein Forstwirtschaftsjahr in Thüringen“, S. 4 - 15

Broschüren

[4] DGfH (Hrsg.): Informationsdienst Holz „Ökobilanz Holz“ 04/1997; S. 3-19

[5] Landwirtschaftskammer Österreich (Hrsg.) 2001: Infobroschüre „Energie aus Holz“; Verlag Weinbrenner GmbH & Co, S. 1-15

[6] TMLNU (Hrsg.): Förderfibel 2003/04

Internet

[7] http://www.auswaertiges-amt.de/www/de/aussenpolitik/vn/umweltpolitik/klima html (15.05.2004)

[8] http://www.wasserwaermeluft.de/b2c/waerme/kachelofen/00461/ (15.05.2004)

[9] http://www.gabot.de/dehne/themen/energie/3Brennstoffe.htm (14.05.2004)

[10] http://www.die-moebelmacher.de/iha/ihahome.html (12.05.2004)

[11] http://www.wald-rlp.de/f ho 4.htm?/brennhol/b vortei.htm (29.04.2004)

[12] http://www.mythen-post.ch/datei archiv 6 8 02/mythen center stichworte.htm (29.04.2004)

[13] http://www.naturbrennstoffe.de/ecobric.de/verbraucher/brennstoff.htm (29.04.2004)

[14] http://www.fh-eberswalde.de/forst/forstnutzung/Vorlesung8.1.htm (29.04.2004)

[15] http://www.net-lexikon.de/Heizwert.html (26.04.2004)

[16] http://www.thema-energie.de/article/show article.cfm?id=381 (26.04.2004)

[17] http://www.energie.ch/themen/infrastruktur/zielwert/heizwert.htm (17.04.2004)

[18] http://www.pro-lignum.it/download/251v251d348.pdf (17.04.2004)

[19] http://www.bullerjan-online.de/Heizen_mit_Holz/body_heizen_mit_holz.html (17.04.2004)

[20] http://www.jubla.ch/service/pioniertechnik/723.htm (17.04.2004)

[21] http://www.solarserver.de/solarmagazin/eeg.html (06.04.2004)

http://www.juergensager.de/heizw holz.htm (12.04.2004)

http://de.wikipedia.org/wiki/Heizwert (08.05.2004)

6 Abbildungsverzeichnis